U0141802

手繪雜貨風紋樣1011
令人忍不住想要擁有的幸福雜貨

Handcrafted Stuff Style Collection

CONTENTS

手繪雜貨風紋樣1011

本書使用方法

DVD-ROM

本書DVD-ROM適用於Windows & Macintosh

內含500種以上獨家圖案素材,有各種俏皮女孩、日式雜貨、流行衣飾、可愛動物、天然花草等……手繪雜貨風格的圖樣。內附多功能使用格式,讓你方便做運用,不會有轉檔或檔案格式不和的狀況出現。

圖檔類型

點陣圖:此類圖形由像素(pixel)組合成。你可在繪圖軟體PhotoImpact或Photoshop中用放大鏡將圖檔放大數倍,將會明顯看到圖案變成一格一格馬賽克,這小方格就是像素(pixel)。此類圖形的優點是容易呈現出圖像豐富細膩的質感與細緻的色彩變化,缺點則是圖形的篇幅愈大,需要愈多的像素組成圖形,檔案的大小也就隨之增大。

向量圖:此類圖形的優點是圖案可以輕鬆的放大、縮小、移位、旋轉等處理,且不會影響到原圖的品質與大小。缺點是圖形無法表現出像點陣圖那樣細膩變化與多元質感。比較適用於幾何圖形、簡單色塊、統計圖表、等類型設計。

常見圖檔格式

圖檔類型有點陣和向量兩種形式，在製作時會為了將圖檔縮小、方便日後修改……等狀況，進而延伸出許多方便存檔的格式。有些存檔格式需要有專用的繪圖軟體才能開啟，如Photoshop、Illustrator、CorelDraw、Flash等。但像gif、png、jpg三種類型的檔案，是目前網路上通用的圖檔格式。以下介紹本書出現的圖檔格式給大家參考：

檔案格式	檔案類型	特性
EPS	點陣（Photoshop） 向量（Illustrator）	印前系統中功能最強的圖檔格式，向量及點陣圖皆可包容。向量圖的EPS檔可以在Illustrator及CorelDraw中修改，也可再載入到Photoshop中做影像合成。
PSD	點陣式	Photoshop專用的檔案格式，檔案圖層可以自由變化或移動。一方面記錄合成影像時所用的layer和mask以便日後修改。
AI	向量式	Illustrator的標準向量檔，可以自由放大縮小。
JPG	點陣式	有檔案所佔空間小的優點。JPG運用壓縮運算法則可以將影像壓縮成數十分之一的大小，但壓縮比例愈高，影像資料耗損失真程度愈大。
PNG	點陣式	支援透明效果，不會有白底狀況出現，是可攜式網路圖像格式。

光碟檔案夾說明

範例一　主目錄 A_PATTERNS ▶ 子目錄 A1 Trendy Stuff ▶ 次目錄 A1_PSD_EPS 、 A1_JPG 、 A1_PNG

PNG檔案會在圖檔編碼上標示▲記號，底紋則未附PNG檔。
＊本書使用版本：軟體Photoshop CS2、Illustrator CS2

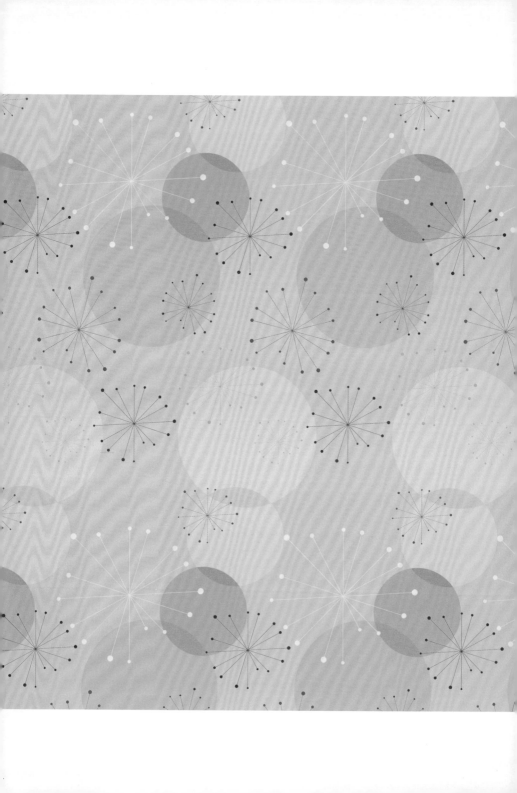

　　《數位圖集系列》是三采文化集結台灣許多優秀新銳插畫家與創作者開發的圖庫工具書，因可愛、好用、創新等特色，從2009年開始出版以來便受到學生、廣告人、設計與網路工作者等喜愛，反應熱烈。

　　我們不斷尋找更多符合讀者需求的主題，期能讓此書系的風格更加完整，也讓讀者在應用上更多元廣泛，並利用這些圖案創作出更好的作品與表現。《手繪雜貨風紋樣1011》是2010年首推的新主題，這一本令人忍不住想要擁有的幸福雜貨圖案集，強調輕柔可愛的溫馨風格，用親切手感帶出圖案裡的幸福氛圍，希望能夠因應越來越盛行的手感雜貨風格，方便有所需求的廣大的讀者群。希望你會喜歡。

本書擁有以下特點

☆ 囊括日式幸福與北歐精簡的雜貨風格

☆ 美感與實用兼具的親切手繪感

☆ 取材多元，用途廣泛，源源不絕創意俯拾可得

☆ 線條簡單，稍做變化又可是一個新圖案

☆ 實用度100%、可愛度200%！！

若有任何建議或願意加入我們的圖案設計行列，請email：art100@suncolor.com.tw

PATTERNS

單圖

Part A

10-01▲

10-04▲

10-03▲

10-02▲

10-06▲

10-05▲

11-02▲

11-04▲

11-01▲

11-05▲

11-06▲

11-03▲

12-04▲

12-05▲

12-01▲

12-02▲

12-06▲

12-03▲

13-03▲

13-06▲

13-02▲

13-01▲

13-04▲

13-05▲

13

14-01▲

14-06▲

14-02▲

14-04▲

14-05▲

14-03▲

15-06▲

15-03▲

15-02▲

15-05▲

15-01▲

15-04▲

16-06▲

16-03▲

16-02▲

16-01▲

16-05▲

16-04▲

17-02▲

17-03▲

17-04▲

17-01▲

17-05▲

17-06▲

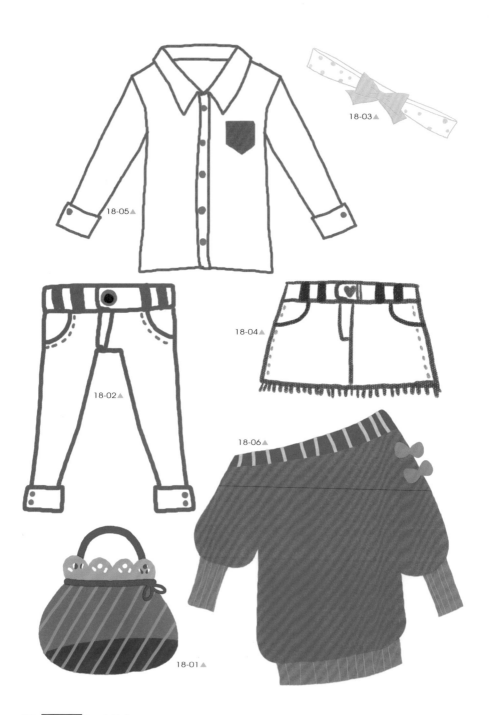

18-03▲

18-05▲

18-04▲

18-02▲

18-06▲

18-01▲

19-04▲

19-06▲

19-03▲

19-05▲

19-02▲

19-01▲

20-01▲

20-03▲

20-05▲

20-04▲

20-02▲

20-06▲

21-06▲

21-01▲

21-03▲

21-02▲

21-04▲

21-05▲

22-05▲

22-06▲

22-04▲

22-01▲

22-03▲

22-02▲

23-06▲

23-04▲

23-05▲

23-01▲

23-02▲

23-03▲

24-06▲

24-04▲

24-05▲

24-02▲

24-01▲

24-03▲

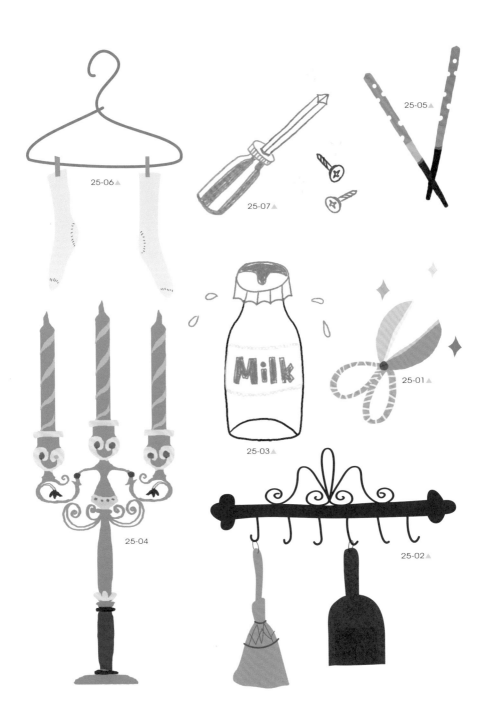

25-06 ▲

25-05 ▲

25-07 ▲

Milk

25-03 ▲

25-01 ▲

25-04

25-02 ▲

26-03▲

26-05▲

26-01▲

26-06▲

26-02▲

26-04▲

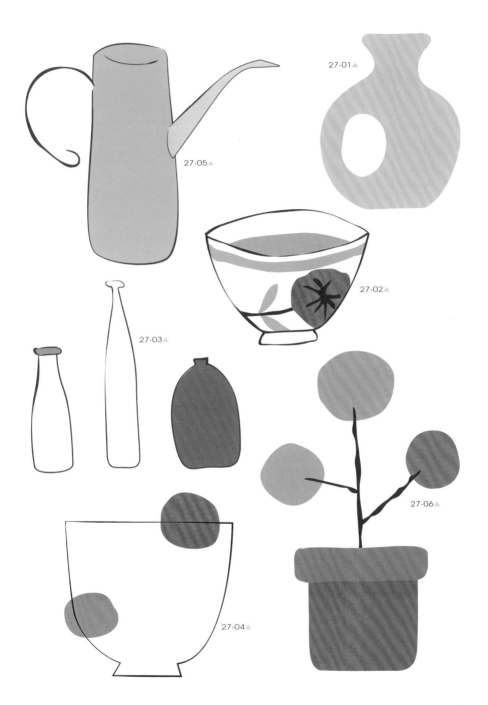

27-01▲

27-05▲

27-02▲

27-03▲

27-06▲

27-04▲

28-04▲

28-02▲

28-01▲

28-03▲

28-05▲

28-06▲

29-04▲

29-06▲

29-01▲

29-03▲

29-05▲

29-02▲

30-05▲

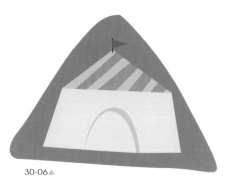

30-06▲

30-02▲

30-03▲

30-01▲

30-04▲

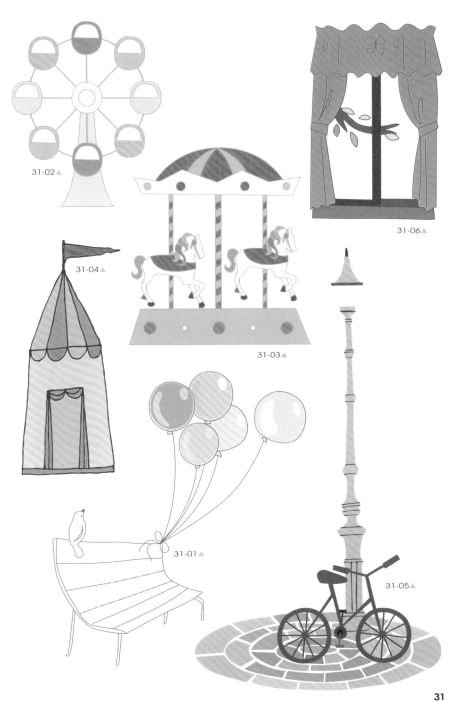

31-02▲

31-06▲

31-04▲

31-03▲

31-01▲

31-05▲

32-04▲

32-02▲

32-06▲

32-03▲

32-01▲

32-05▲

33-06▲

33-05▲

33-01▲

33-02▲

33-03▲

33-04▲

34-01▲

34-02▲

34-03▲

34-05▲

34-06▲

TAXI

34-04▲

35-01▲

35-04▲

35-02▲

35-05▲

35-03▲

35-06▲

36-01▲

36-05▲

36-03▲

36-04▲

36-02▲

36-06▲

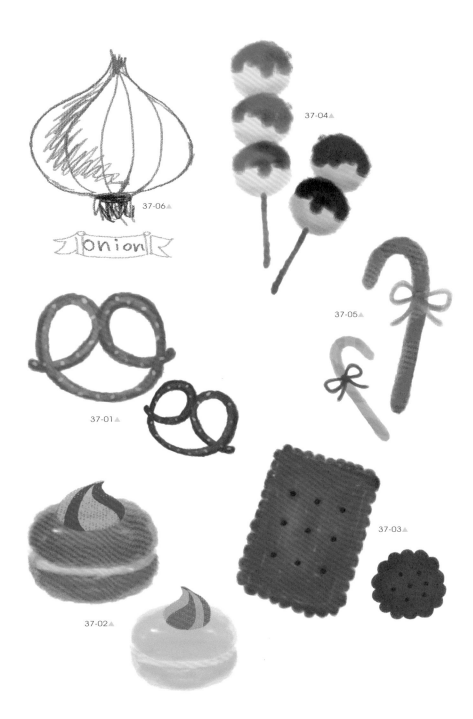

37-04▲

37-06▲

onion

37-05▲

37-01▲

37-03▲

37-02▲

38-02▲

38-05▲

38-03▲

38-04▲

38-06▲

38-01▲

39-06▲

39-01▲

39-04▲

39-03▲

39-02▲

39-05▲

40-06▲

40-01▲

40-02▲

40-03▲

40-05▲

40-04▲

41-01▲

41-03▲

41-04▲

41-05▲

41-06▲

41-02▲

42-03▲

42-02▲

42-01▲

42-06▲

42-05▲

42-04▲

43-05▲

43-02▲

43-03▲

43-04▲

43-01▲

43-06▲

44-03▲

44-04▲

44-05▲

44-01▲

44-06▲

44-02▲

45-01 ▲

45-02 ▲

45-03 ▲

45-05 ▲

45-06 ▲

45-04 ▲

46-01▲

46-02▲

46-03▲

46-05▲

46-04▲

46-06▲

47-07▲

47-06▲

47-05▲

47-03▲

47-01▲

47-04▲

47-02▲

48-04▲

48-06▲

48-01▲

48-02▲

48-05▲

48-03▲

49-02▲

49-06▲

49-04▲

49-01▲

49-03▲

49-05▲

FRAMES

框飾

Part B

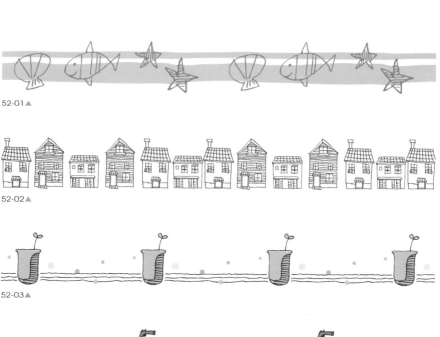

52-01▲

52-02▲

52-03▲

52-04▲

52-05▲

52-06▲

52-07▲

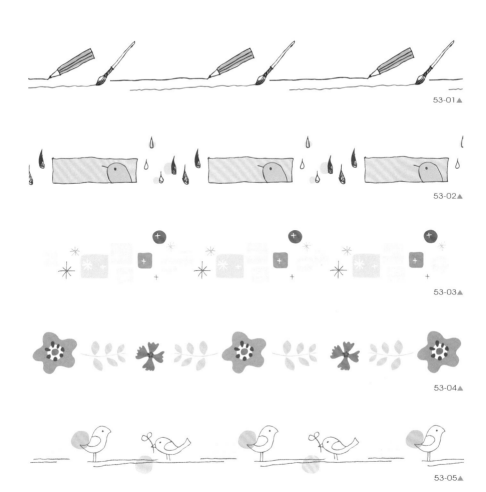

53-01▲

53-02▲

53-03▲

53-04▲

53-05▲

53-06▲

53-07▲

54-01▲

54-02▲

54-03▲

54-04▲

54-05▲

54-06▲

54-07▲

55-01▲

55-02▲

55-03▲

55-04▲

55-05▲

55-06▲

55-07▲

56-01▲

56-02▲

56-03▲

56-04▲

56-05▲

56-06▲

56-07▲

57-01▲

57-02▲

57-03▲

57-04▲

57-05▲

57-06▲

57-07▲

58-01▲

58-02▲

58-03▲

58-04▲

58-05▲

58-06▲

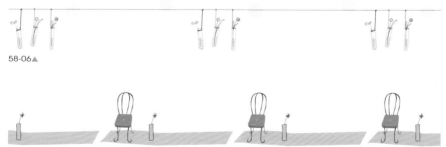

58-07▲

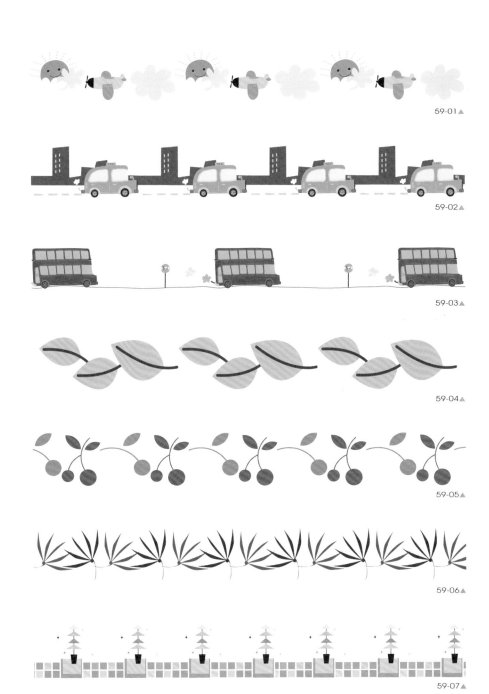

59-01▲

59-02▲

59-03▲

59-04▲

59-05▲

59-06▲

59-07▲

59

60-01▲

60-02▲

60-03▲

60-04▲

60-05▲

60-06▲

60-07▲

61-01▲

61-02▲

61-03▲

61-04▲

61-05▲

61-06▲

61-07▲

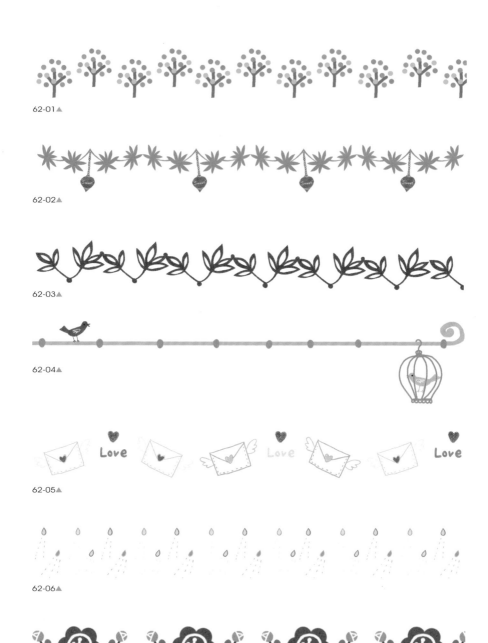

62-01▲

62-02▲

62-03▲

62-04▲

62-05▲

62-06▲

62-07▲

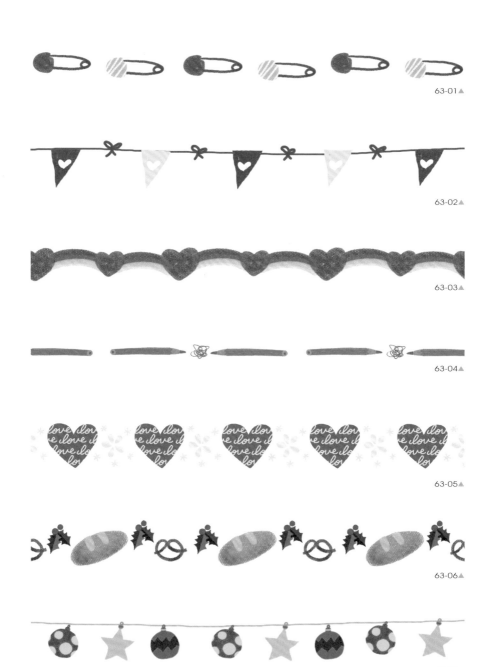

63-01▲

63-02▲

63-03▲

63-04▲

63-05▲

63-06▲

63-07▲

zst wish for U ·♥· best wish for U ·♥· best wish for U

64-01▲

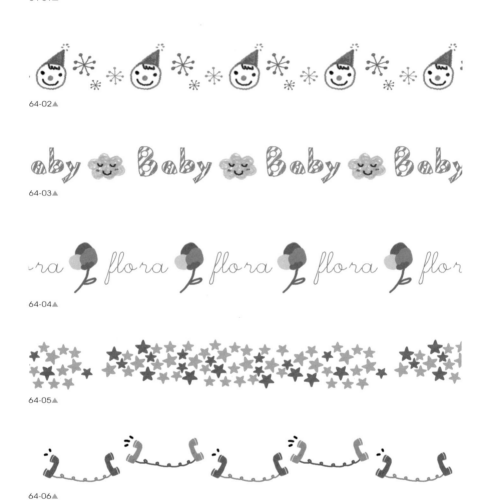

64-02▲

64-03▲

64-04▲

64-05▲

64-06▲

Love You ✗ Love You ✗ Love You ✗ Love

64-07▲

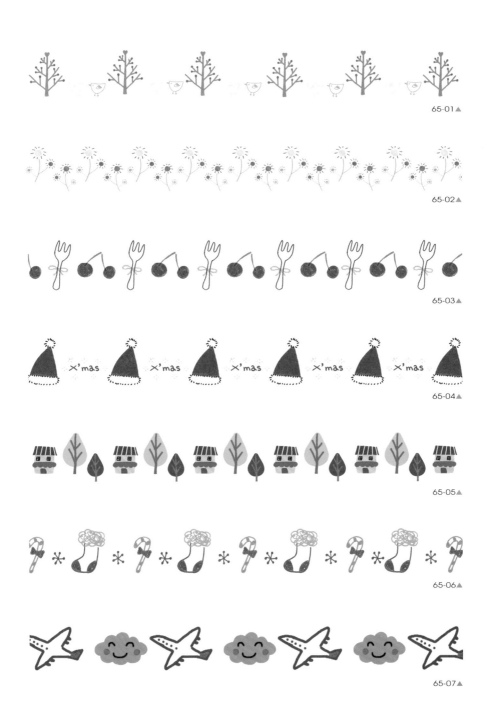

65-01▲

65-02▲

65-03▲

65-04▲

65-05▲

65-06▲

65-07▲

66-01▲

66-02▲

66-03▲

66-04▲

66-05▲

66-06▲

66-07▲

67-01▲

67-02▲

b c ✦ A b c ✦ A b c ✦ A b

67-03▲

67-04▲

•• ● •• ● •• ● •• ● •• ● •• ● ••

67-05▲

67-06▲

3 · 1 2 3 · 1 2 3 · 1 2 3 · 1

67-07▲

68-04▲

68-05▲

68-02▲

68-03▲

68-01▲

69-03▲

69-02▲

69-04▲

69-01▲

69-05▲

HELLO!! HELLO!!

70-02▲

70-03▲

70-05▲

70-01▲

Dear:

70-04▲

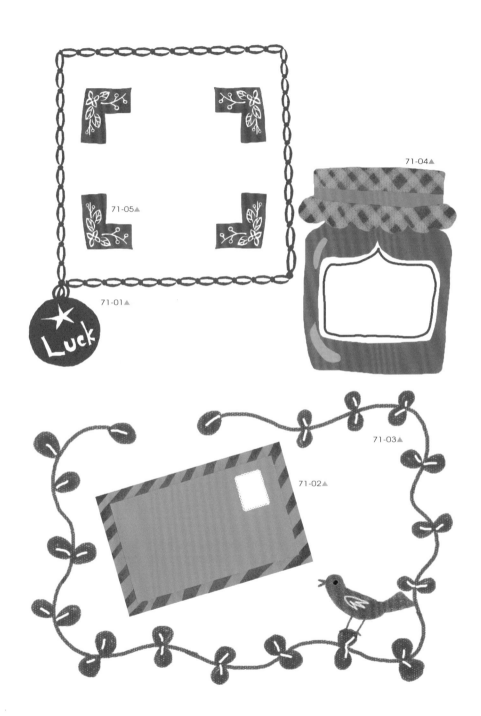

71-04▲

71-05▲

71-01▲

71-03▲

71-02▲

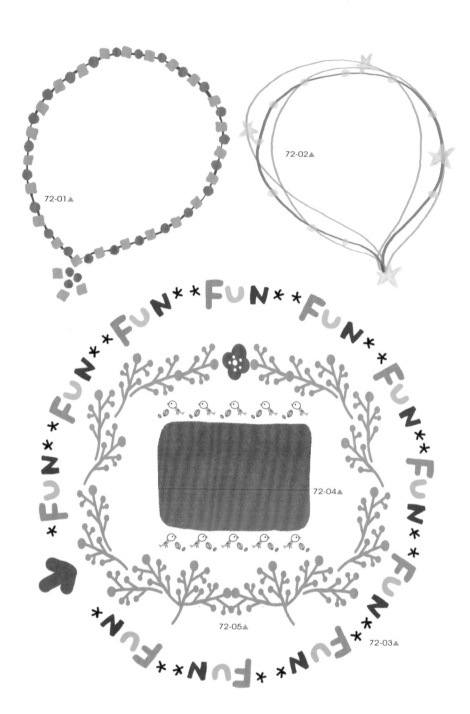

72-01▲

72-02▲

72-04▲

72-05▲

72-03▲

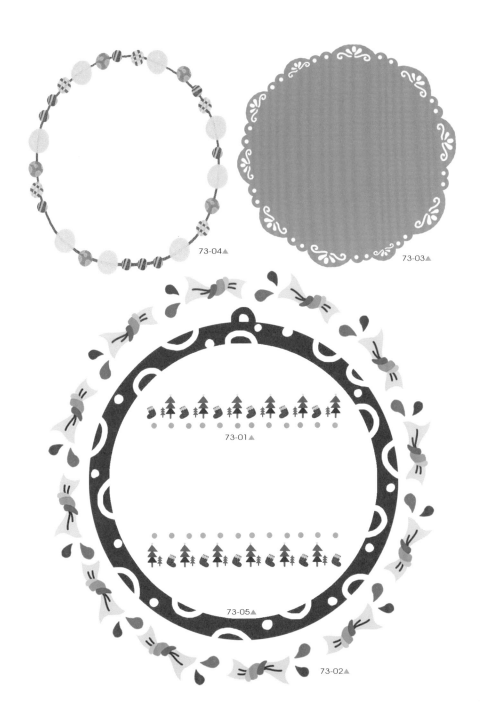

73-04▲

73-03▲

73-01▲

73-05▲

73-02▲

74-02▲

74-03▲

74-05▲

74-01▲

74-04▲

75-02▲

75-01▲

75-04▲

75-03▲

75-05▲

76-05▲

76-04▲

76-01▲

76-02▲

76-03▲

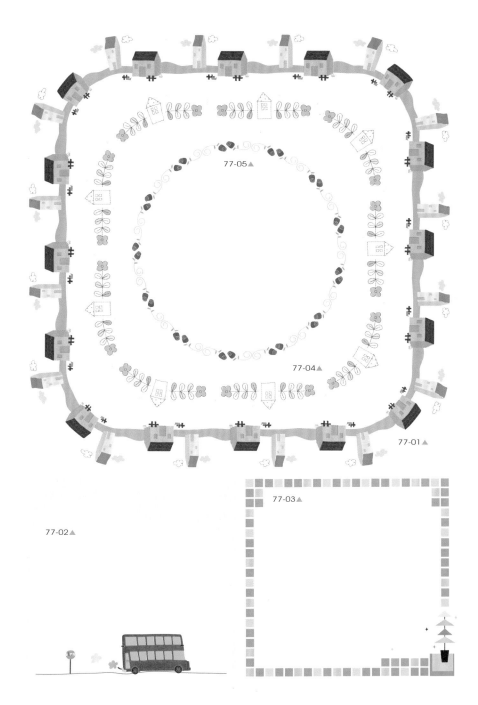

77-05▲

77-04▲

77-01▲

77-03▲

77-02▲

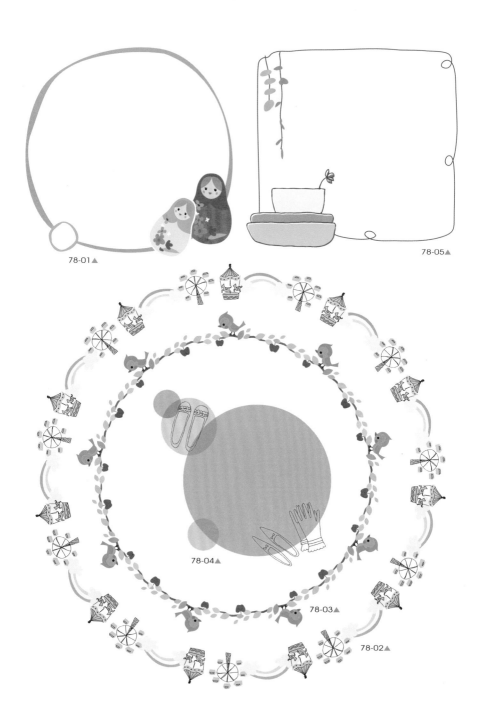

78-01▲

78-05▲

78-04▲

78-03▲

78-02▲

79-03▲

79-01▲

79-02▲

79-05▲

79-04▲

BACKGROUNDS

底紋

87-01

87-02

87-03

87-04

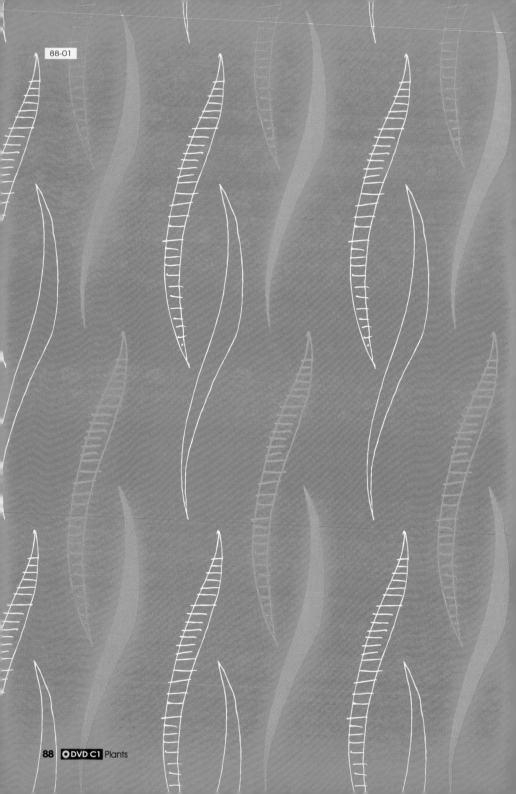

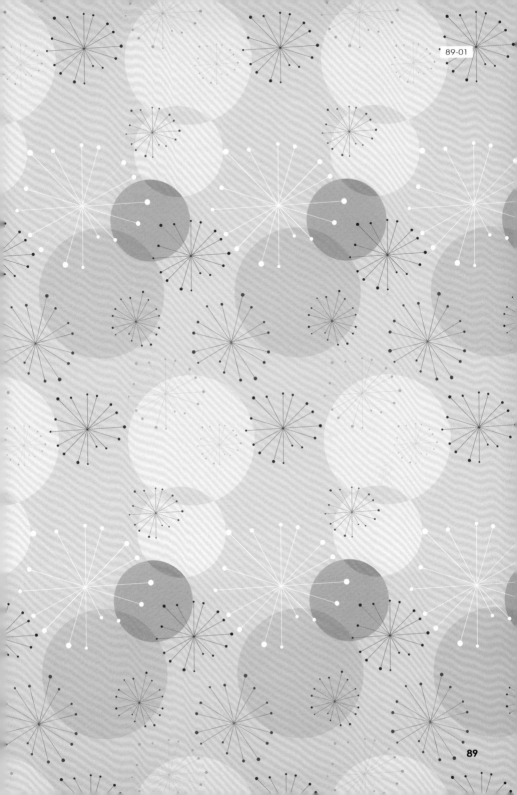

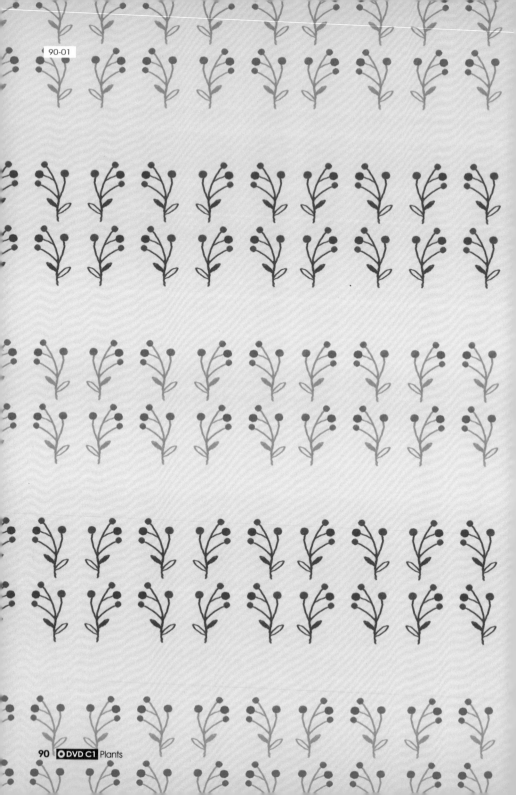

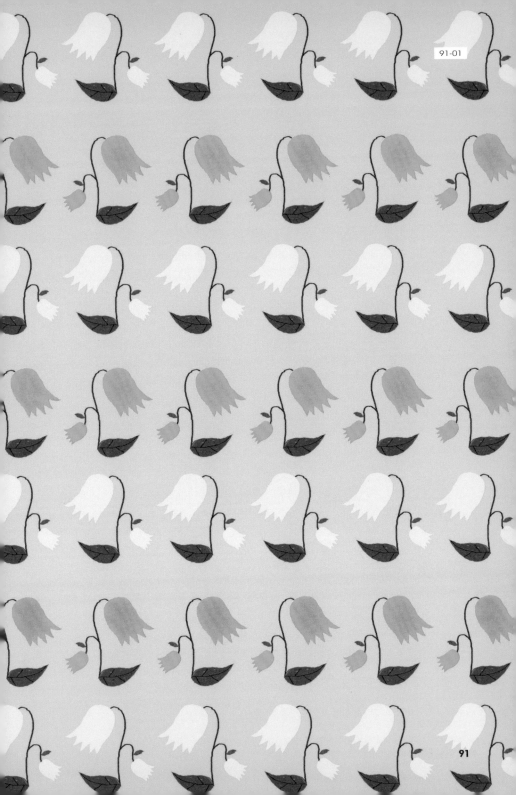

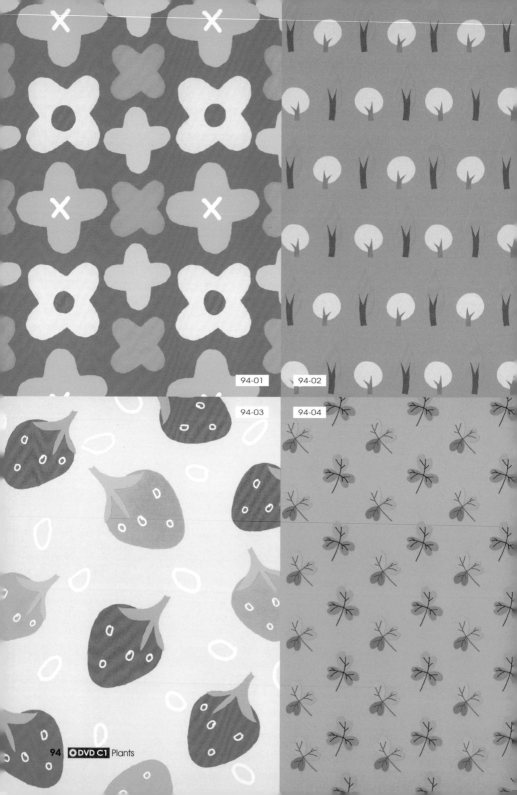

94-01

94-02

94-03

94-04

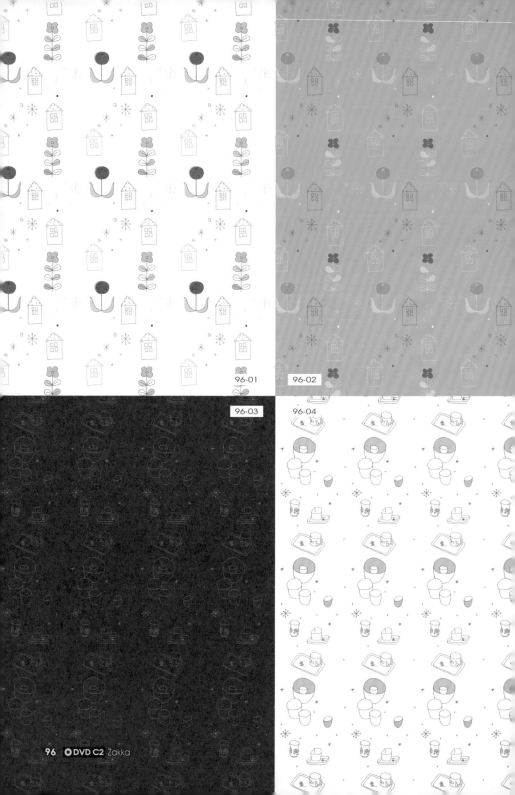

96-01

96-02

96-03

96-04

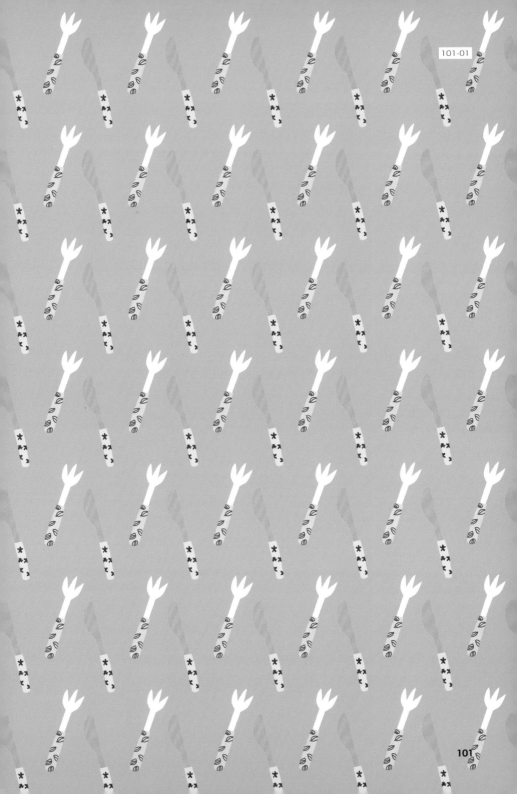

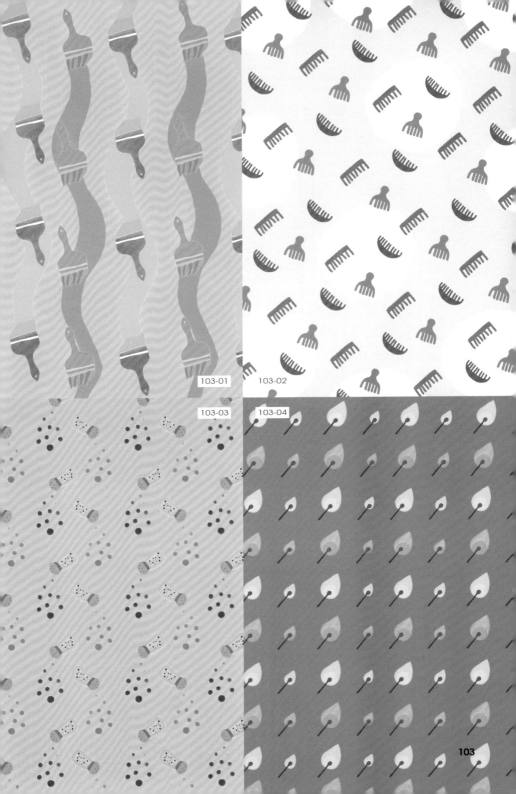

103-01

103-02

103-03

103-04

103

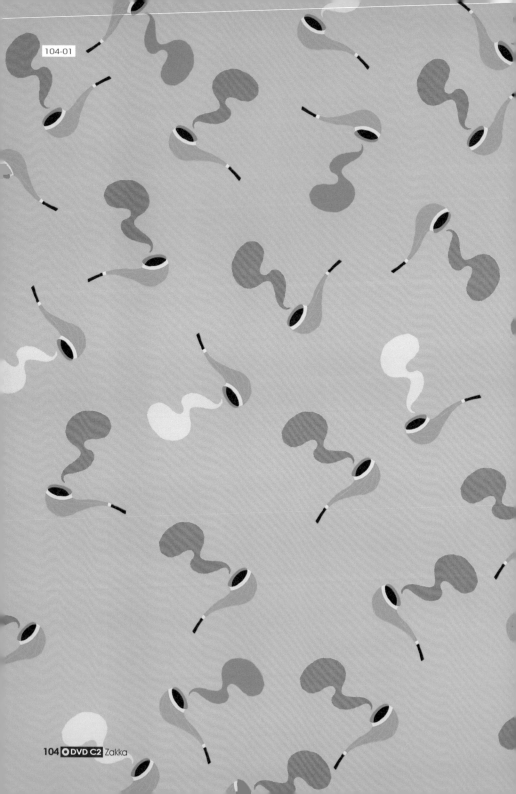

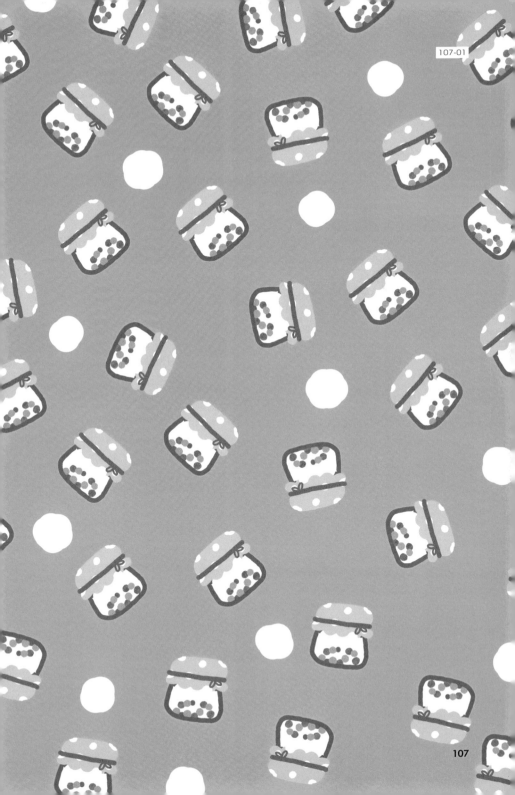

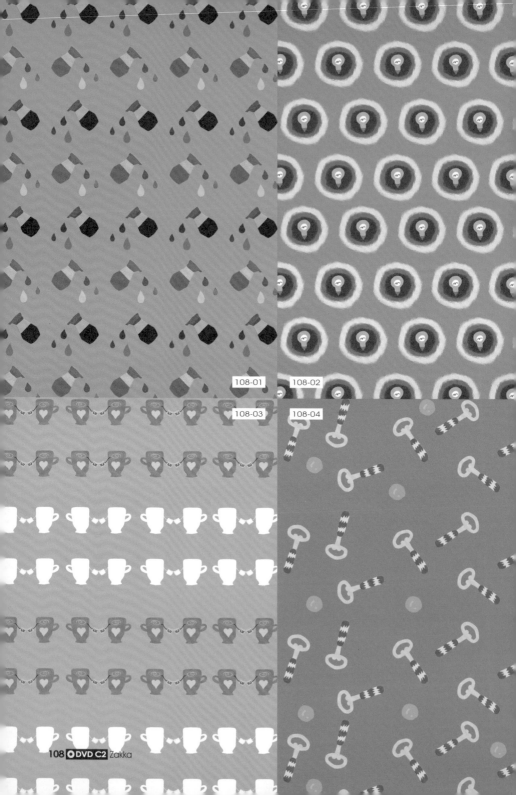

108-01

108-02

108-03

108-04

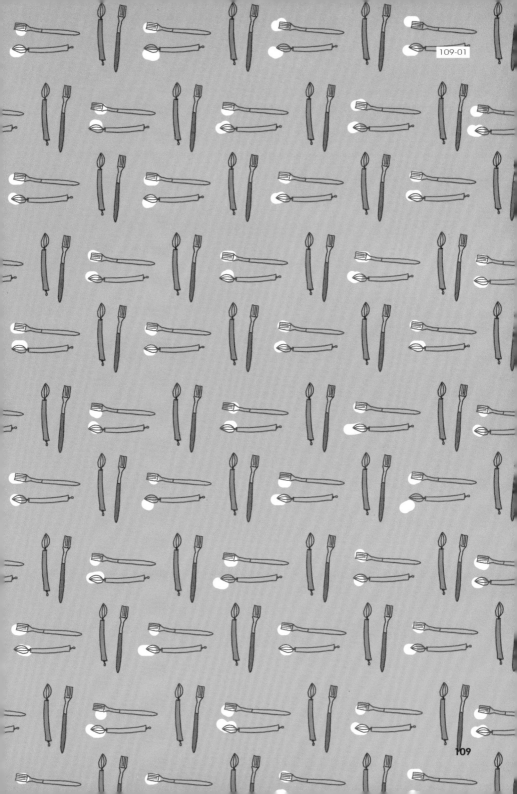

112-01

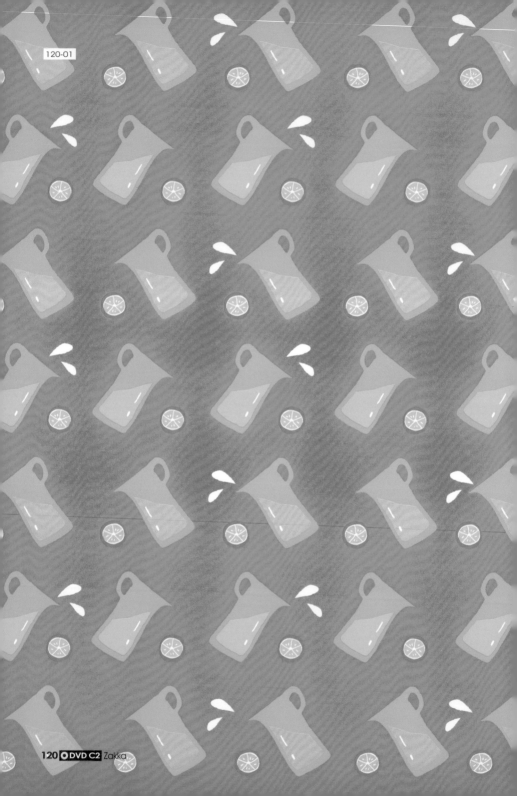

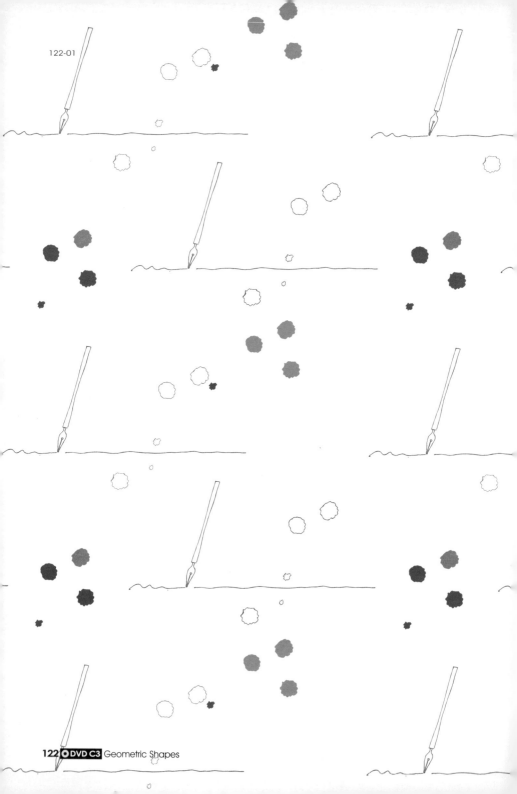

124-01

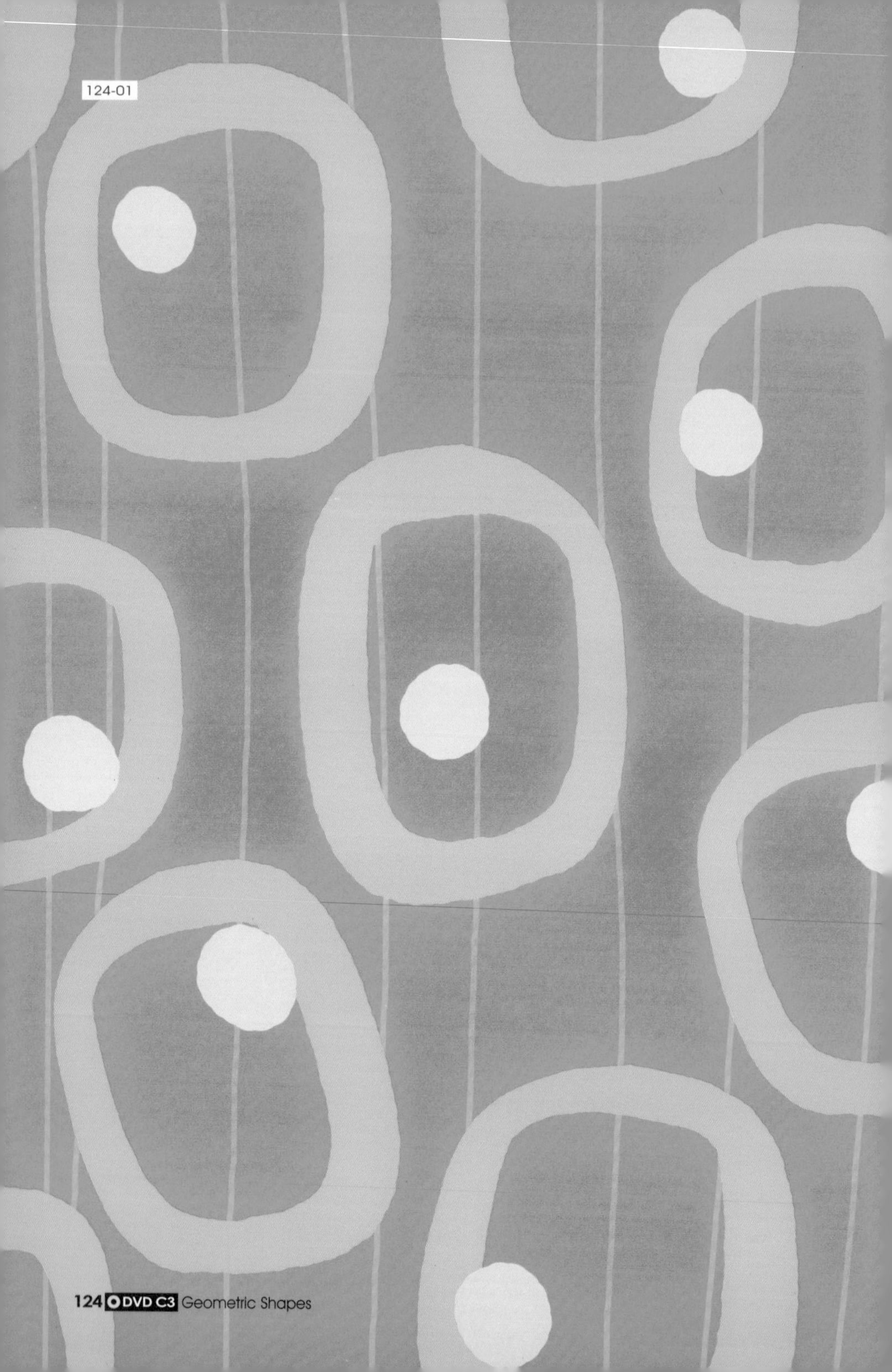

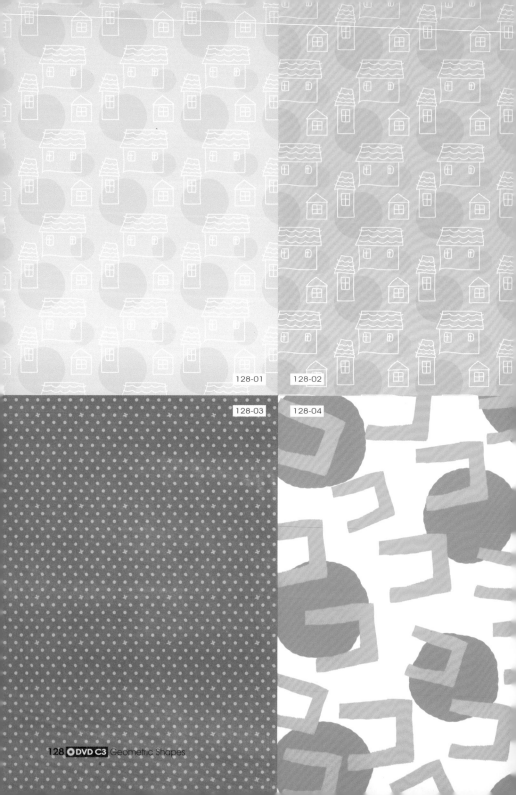

128-01

128-02

128-03

128-04

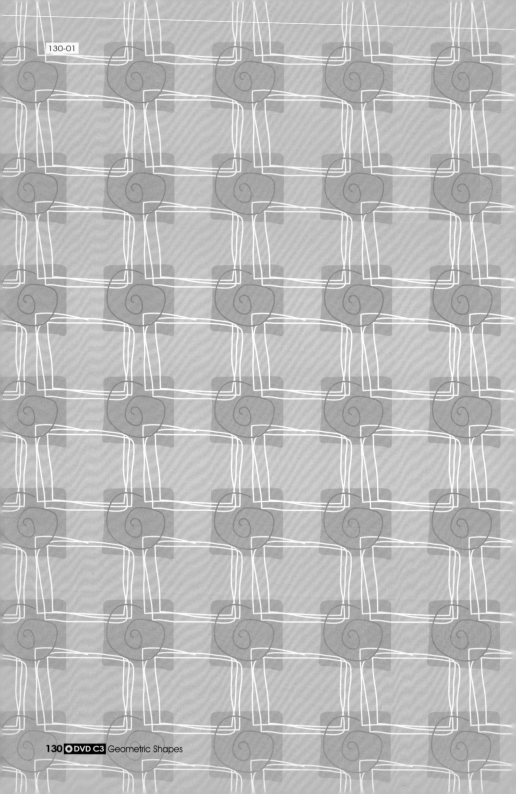

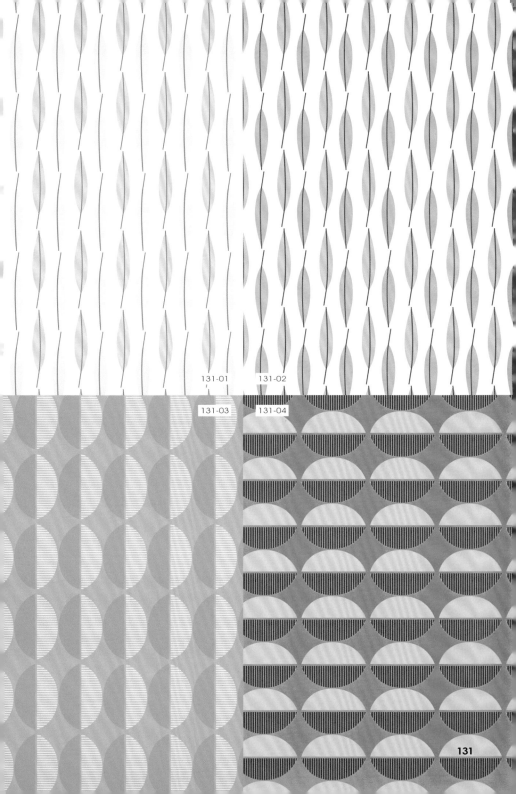

131-01 131-02

131-03 131-04

132-01 132-02

132-03 132-04

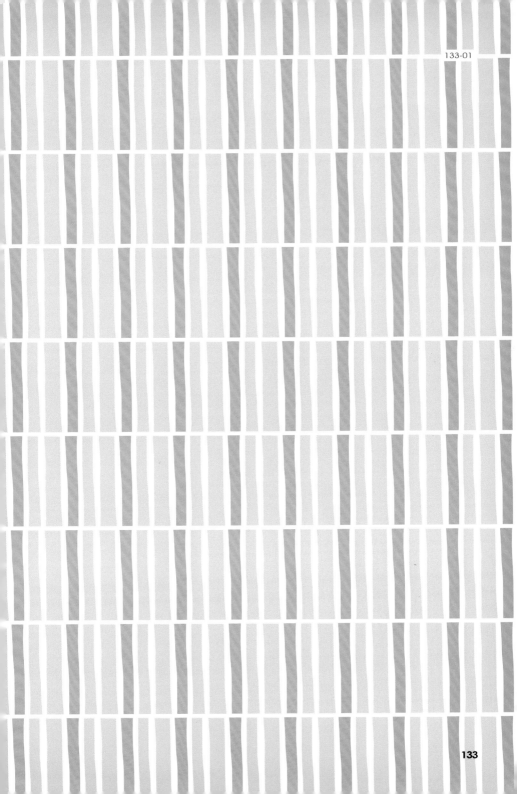

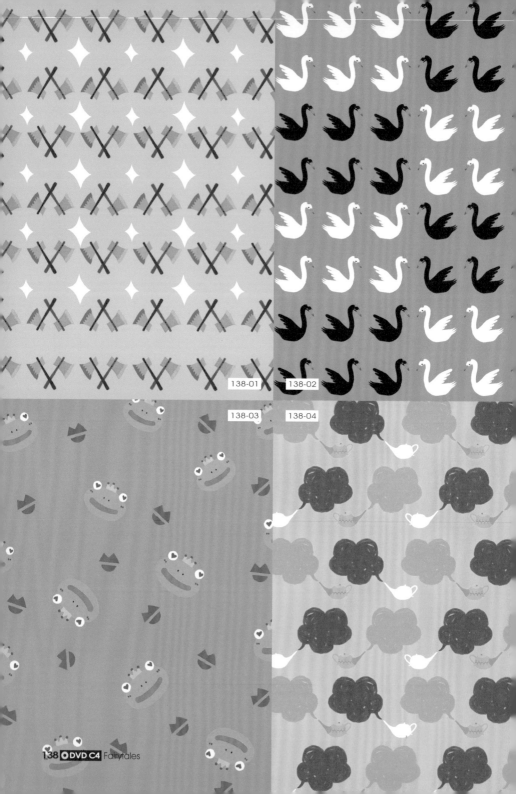

138-01

138-02

138-03

138-04

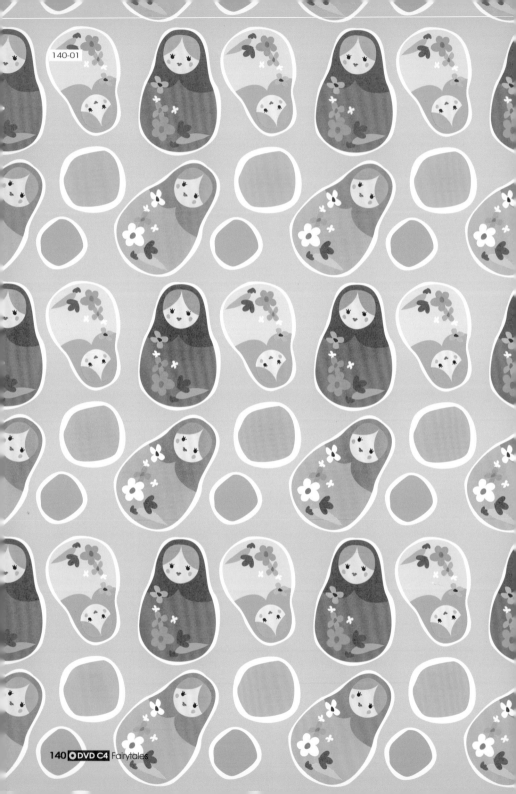

141-01

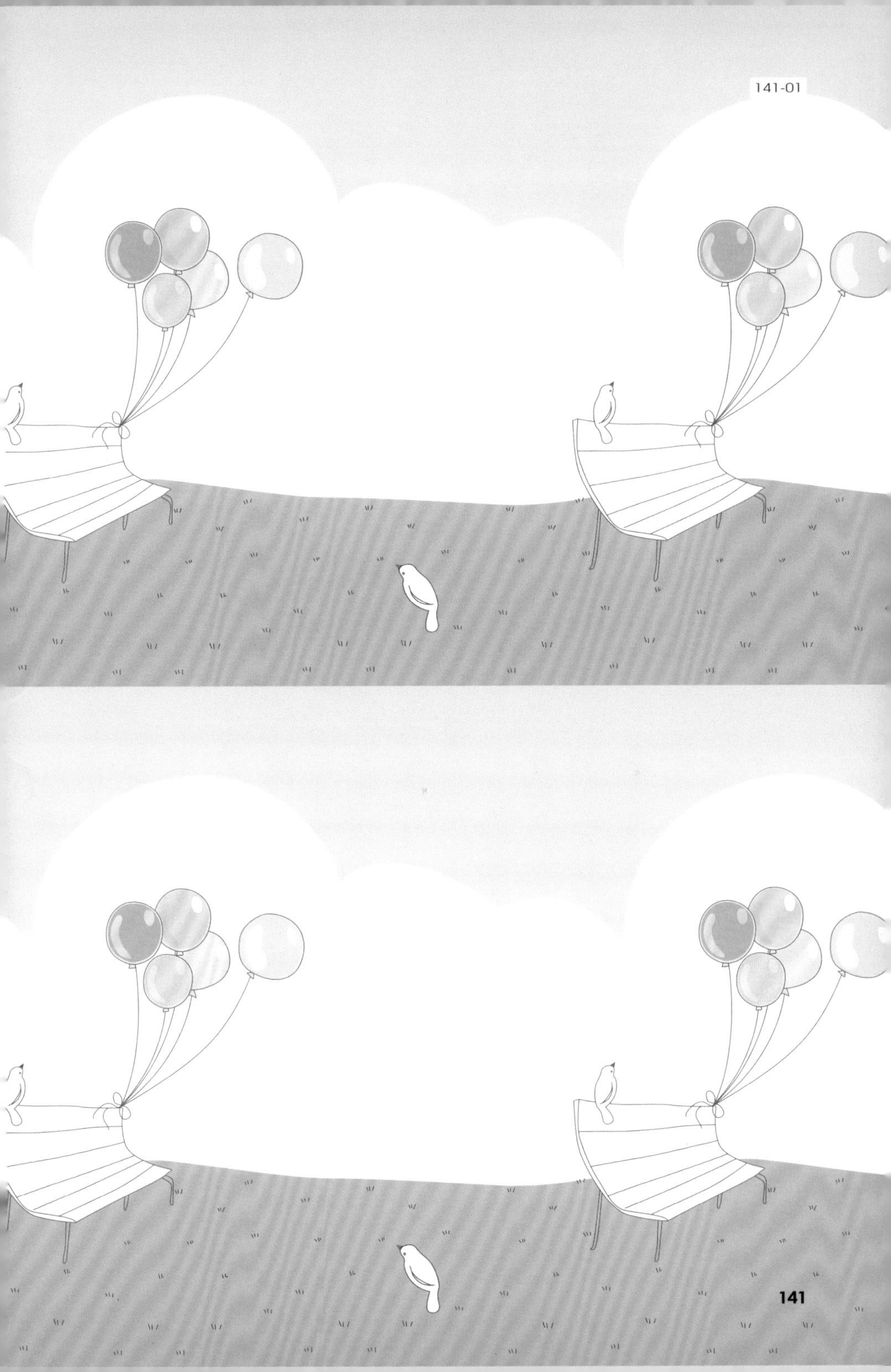

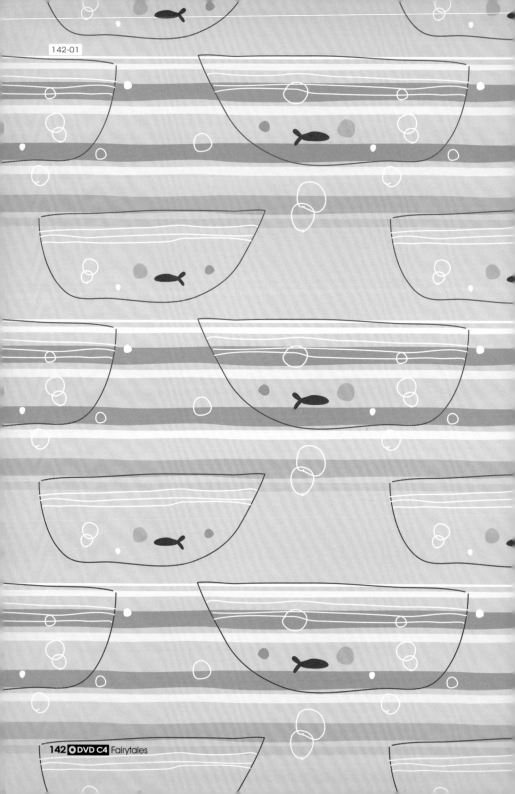

143-01

143-02

143-03

143-04

143

144-01

146-01

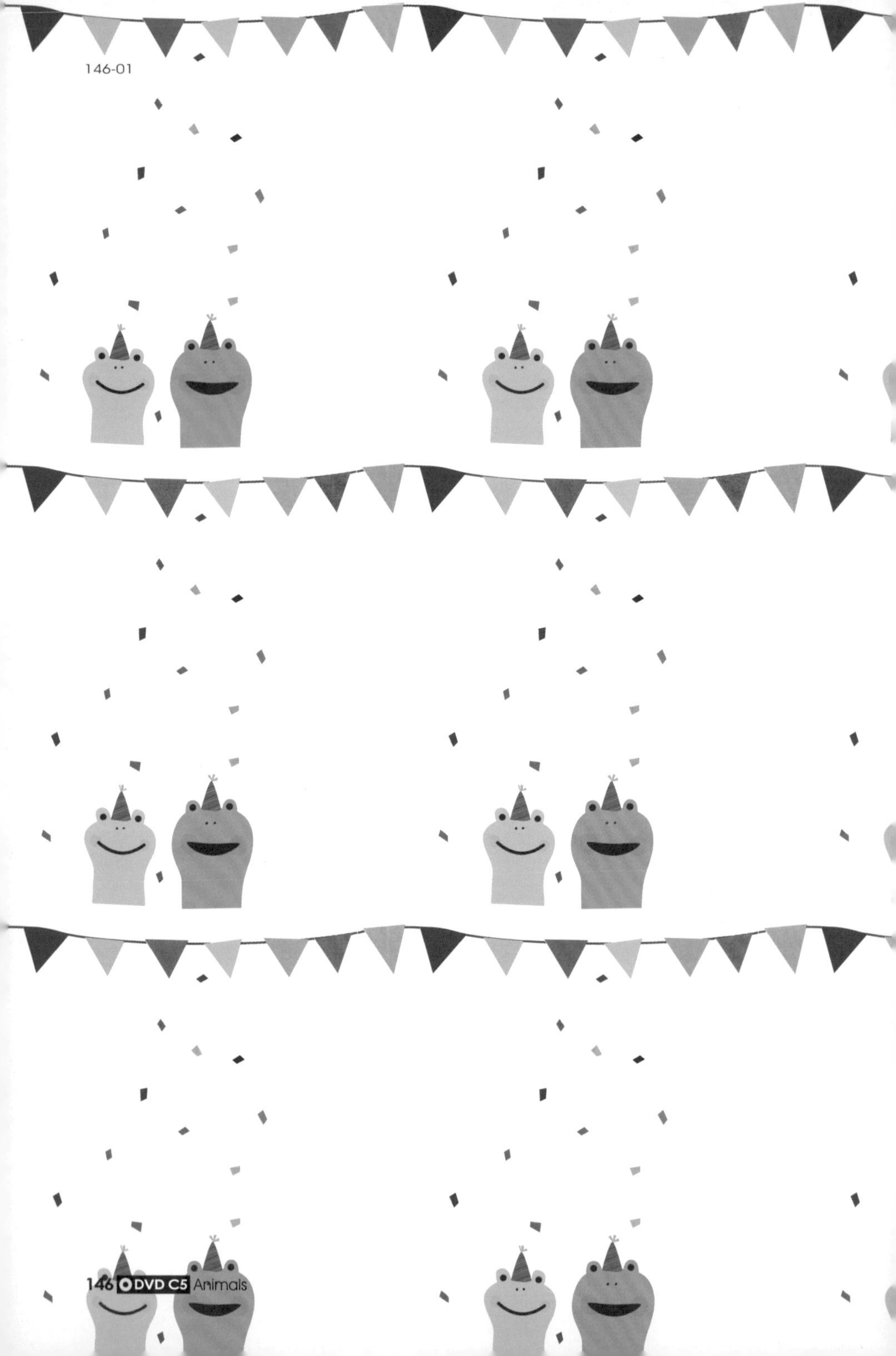

150-01

153-01 153-02

153-03 153-04

131125
2-212

●國家圖書館出版品預行編目資料

手繪雜貨風紋樣1011：令人忍不住想要擁有的幸福雜貨
--初版 --台北市：三采文化，2010〔民99〕
冊：公分 . -- （數位圖集：11）
ISBN：978-986-229-212-9（平裝附數位影音光碟）

1.電腦繪圖　2.工藝美術

312.866　　　　　　　　　　　　　　98023313

suncolor
三采出版集團

數位圖集 11

手繪雜貨風紋樣1011 令人忍不住想要擁有的幸福雜貨

編著者	三采文化
責任編輯	吳巧玲
圖案設計	楊孟欣　吉娜兒
美術編輯	曾瓊慧　謝佳穎
封面設計	謝佳穎

發行人	張輝明
總編輯	曾雅青
發行所	三采文化出版事業有限公司
地址	台北市內湖區瑞光路513巷33號8樓
傳訊	TEL:8797-1234　FAX:8797-1688
網址	www.suncolor.com.tw
郵政劃撥	帳號：14319060
	戶名：三采文化出版事業有限公司
本版發行	2012年2月20日
定價	NT$380